DÉCOUVERTE
CONTRE
LES INCENDIES;

Les dangers des eaux ; De l'air mé-phytique *ou contagieux : Et de plusieurs autres maux qui affligent l'humanité :*

AVEC UN SUPPLÉMENT

Contre les dangers des voyages & des chûtes.

L'Auteur de la Nature a placé les remedes à côté des maux ; c'est à l'homme de travailler à les découvrir.

A PARIS,

Chez l'Auteur, rue Dauphine, Hôtel de Mouy, au Cabinet Littéraire :
Et chez les Marchands de Nouveautés.

M. DCC. LXXXVIII.

AVIS IMPORTANT.

Les contrefaçons se faisant malheureusement avec trop de facilité, & devenant dangereuses, sur-tout quand il s'agit des découvertes qui intéressent la vie & la fortune, il est bon de prévenir le Public, pour sa propre sûreté, de ne se procurer que les exemplaires qui seront signés & paraphés de l'Auteur, avec l'empreinte de son cachet & l'estampe gravée, placée en regard du frontispice.

Comme on n'a voulu donner à ce petit Ouvrage que peu d'étendue, on n'a pu y insérer la description d'une *Echelle* inventée par le même Auteur, pour sauver, en très-peu de temps, une grande quantité de citoyens qui seroient dans le cas de périr par le feu. On en donnera la description dans un autre Ouvrage.

Expérience d'une personne qui lit, écrit, travaille, &c. dans une fournaise ardente, au milieu des flammes et de la fumée, sans en être incommodée.

Chez le S.r Ruggieri, Fauxbourg Montmartre, près la Barriere des Martirs.

Prix des Loges et des Appartemens 6.#

Du Parterre et du Jardin. 3

DÉCOUVERTE

Contre les incendies, les dangers des eaux, de l'air méphytique ou contagieux, & de plusieurs autres maux qui affligent l'humanité.

Article Ier. *Des Incendies.*

L'Auteur de cette découverte (1), ayant été témoin de plusieurs incendies, bien capables d'intéresser la sensibilité d'un bon citoyen, a cherché pendant un temps considérable les moyens les plus efficaces d'obvier aux ravages du feu. Pour y parvenir, voici ses

(1) M. Leroux, Physicien.

réfléchir, l'auteur eſt parvenu à ſimplifier & à perfectionner ſes moyens de ſuccès. Il en a même plus étendu l'utilité; car il a obſervé que l'enduit qui couvre ſes vêtemens peut être appliqué à des étoffes de même nature, & dont on pourroit tapiſſer les cloiſons, ſur-tout celles qui ſont en bois, pour intercepter les progrès du feu & empêcher la communication des flammes; ou bien l'on peut enduire de cette même compoſition les bois, les cloiſons, les meubles & tout ce qui pourroit être la proie des flammes. Ces étoffes en tapiſſeries ſont ſuſceptibles de toutes ſortes d'agrémens & de couleurs. On eſpere en établir inceſſamment une manufacture, à laquelle ſeront obligés d'avoir recours tous les peuples répandus ſur la terre, parce qu'ils ſont tous intéreſſés à conſerver leur vie & leurs biens. Mais ce n'eſt pas à ce ſeul uſage que cette découverte eſt deſtinée; elle eſt encore d'une très grande utilité dans mille occaſions que l'on va expoſer. En pluſieurs circonſtances un ouvrier eſt obligé de ſe tenir à la porte d'une fournaiſe ardente, comme dans les verreries, & même d'y entrer, comme dans celle où l'on coule les glaces, & où les hommes ſon expoſés à périr ou du moins à beaucoup ſouffrir. Par ces vêtemens on eſt à l'abri des événémens dangereux. Quant aux lieux d'aiſance, où ſouvent l'air eſt méphytique, les ouvriers qui y ſont employés, pourront y entrer, travailler en ſûreté & ſans craindre les effets meurtriers d'un air empoiſonné qui tue tant de malheureux. Avec ces mêmes vêtemens, on peut travailler à des compoſitions dangereuſes, porter du ſecours à des peſtiférés, à des malades attaqués de maux contagieux, &c., &c.

On peut prouver par un écrit public, que l'Auteur s'occupe de cette découverte depuis vingt ans au moins. Voici ce qu'on lit dans les Affiches de Province, du 6 Novembre 1765.

« On ne peut trop multiplier les

» moyens d'arrêter le cours des incen-
» dies, dont les progrès sont si rapides
» & les ravages si funestes. Un incendie
» considérable, arrivé à Amiens le mois
» d'Août dernier, qu'un bon citoyen a
» fait cesser par son industrie, a réveillé
» celle d'un habitant de la même ville,
» témoin des malheurs causés par ce
» fâcheux accident. M. Leroux, Maî-
» tre-ès-Arts de l'Université de Paris,
» tenant pension à Amiens, homme dis-
» tingué dans sa profession, a fait la
» découverte d'une machine d'une uti-
» lité plus étendue & d'un secours bien
» plus prompt que les pompes ordi-
» naires, &c, &c. ».

On voit par-là que, dès l'année 1765, l'auteur avoit trouvé des moyens d'obvier aux funestes accidens causés par les incendies. Il les avoit fait présenter au Ministre par M. Dupleix de Baccancour, alors Intendant d'Amiens, ainsi qu'on peut le prouver par un Mémoire imprimé en 1765, qui sera mis sous les yeux du public quand il en sera nécessaire.

ARTICLE II. *Des dangers des eaux & de l'air contagieux.*

L'Auteur des moyens d'obvier aux incendies, en a imaginé encore d'autres pour se garantir des dangers des eaux. Il en a fait l'expérience sur la Seine, il y a quelques années, en présence de plusieurs Savans & du Magistrat qui présidoit alors le corps municipal de cette Ville (Paris), duquel il a reçu une gratification. Voici les extraits des divers ouvrages périodiques qui en ont parlé avec éloge.

Extrait du Mercure de France, du Samedi 19 Juillet 1783, au Journal politique qui termine le Mercure, pag. 133.

« Plusieurs personnes attachées au
» service du Roi, ayant desiré qu'on
» leur procurât des taffetas cirés *bleu de*
» *Roi*, & personne n'ayant pu jusqu'à
» présent imiter solidement cette cou-
» leur, nous prévenons Messieurs les
» Militaires qui voudroient en avoir

» pour des manteaux uniformes, qu'ils
» en trouveront dans la Fabrique éta-
» blie rue Pavée Saint André des Arts.
» C'eſt la même Fabrique annoncée
» dans ce Journal, relativement aux
» vêtemens de ſanté, imaginés par M.
» Leroux, Phyſicien, & approuvés par
» la Société royale de Médecine. Ces
» manteaux mettent à l'abri de l'humi-
» dité, du froid, de la pluie, & des in-
» convéniens qui en réſultent, comme
» rhumatiſmes, &c. *Comme il y a beau-*
» *coup de nageurs qui périſſent dans l'eau*
» *par les crampes*, on a fait des eſſais qui
» aſſurent que les jarretieres de ce taffe-
» tas, *couleur cramoiſie*, les diſſipent *. On
» vient d'adreſſer, de Blois, à l'Auteur
» de ces vêtemens, une lettre dans la-
» quelle on lui marque que ce taffetas
» ciré, ſur-tout de couleur verte, a
» la propriété de diminuer beaucoup
» les douleurs qu'occaſionne la goutte.

---

* Cela réuſſit aux uns & point aux autres : l'Auteur n'en répond pas.

» Ce qui prouve l'impénétrabilité de » ces étoffes, tant en ſoie, qu'en coutil » & en toile, c'eſt qu'on en fait des » ſeaux portatifs pour les incendies, » qui contiennent l'eau auſſi exactement » que tout autre vaſe. L'expérience en » a été faite publiquement chez M. de » la Blancherie (à la Correſpondance » générale des Arts). *On en fait auſſi* » *des ſcaphandres à air, pour apprendre* » *à nager & pour ſauver ceux qui ſe* » *noyent.* Il ne faut pas confondre ces » nouveaux ſcaphandres avec ceux de » M. l'abbé de la Chapelle, qui ſont » des corſets de liége ».

Extrait d'un Ouvrage périodique intitulé : Nouvelles de la République des Lettres & des Arts, *du Mercredi* 11 *Juin* 1783, *N°. XXIV.*

« Différens vêtemens, dits de ſanté, » approuvés par la Société royale de » Médecine, ayant pour objet de faciliter la tranſpiration, &c., par M. Leroux. La Société royale de Médecine,

» à laquelle ces vêtemens ont été ſoumis
» en examen, a penſé que ces étoffes
» étant meilleures que les taffetas cirés
» ordinaires, ne contenant d'ailleurs
» rien de nuiſible, ne pouvant, par
» la maniere dont on les applique, en
» plaçant un corps intermédiaire, avoir
» aucun des inconvéniens des corps gras
» & emplaſtiques, & offrant un moyen
» d'utilité qui eſt peu en uſage, quoique
» connu & recommandé très-ancien-
» nement, elle pouvoit accorder à ces
» étoffes ſon approbation, en ce qui
» concerne les uſages relatifs à la ſanté.
» Ces étoffes ne ſeront employées que
» ſous la direction des Médecins, &c.
» & cette découverte de M. Leroux eſt
» utile à beaucoup d'infirmités.

» L'Auteur prétend (& avec raiſon)
» que ces étoffes ſont en même
» temps impénétrables à l'eau, qu'on
» peut en faire des habits de chaſſe,
» des pantalons impénétrables à l'air
» méphytique, qui, garnis d'un maſ-
» que total, permettent de deſcendre

» dans ſes excavations les plus infectés ;
» de fréquenter les lieux les plus con-
» tagieux, & enfin de plonger dans
» l'eau ».

Autre Extrait du Mercure de France du Samedi 7 Juin 1783, au Journal politique qui termine le Mercure, page 36.

« Nous avons annoncé dernierement
» les taffetas & toiles enduites d'une
» compoſition, découverte par M. Le-
» roux, Phyſicien, & approuvée par
» la Société royale de Médecine,
» dont l'uſage eſt de la *plus grande utilité*
» *dans une multitude de cas pour la*
» *ſanté.* Pluſieurs marchands vendent
» du taffetas ou toiles cirés, mais qui
» n'ont pas ſubi la préparation de
» M. Leroux, & qui ne peuvent,
» par conſéquent, produire les mêmes
» effets. Il eſt bon de prévenir les per-
» ſonnes qui voudroient s'en procurer,

» de ne s'adresser qu'à la Fabrique, rue
» Pavée Saint André des Arts, &c. On
» fait de ces etoffes des vêtemens pour
» couvrir les parties du corps qui sont
» enflées ou attaquées de rhumatisme.
» Ils font transpirer abondamment; mais
» il est absolument nécessaire de ne
» mettre ces vêtemens que par-dessus
» un linge, *& de changer avec précaution*
» *ce linge quand il est imbibé de sueur*,
» *&c.*, *&c.* On sait que la foudre ne
» tombe point sur la toile cirée, &
» à plus forte raison, sur la toile cirée,
» huilée, telle qu'on la fabrique dans
» la Manufacture que nous annonçons.
» Cette étoffe met encore à l'abri des
» coups de soleil, &c. ».

Ces étoffes ont été aussi annoncées dans la Gazette de France, en Mai 1783, & dans le Journal général de France, ou Affiches & Annonces, par les ordres de feu M. de Vergennes, Ministre des Affaires Etrangeres, à qui l'Auteur avoit eu l'honneur de présenter tous les divers objets de ſa découverte, & dont il avoit reçu des marques de ſatisfaction, & même des applaudiſſemens.

On voit par tous ces extraits & ces détails, que ce Phyſicien s'eſt occupé des moyens de garantir l'humanité de trois principaux fléaux qui l'affligent; puiſque parmi ſes vêtemens de trois eſpeces différentes, les uns peuvent obvier aux ravages des *incendies*, les autres aux *dangers des eaux*, à ceux de l'*air contagieux*, de la *foudre*, des *coups de ſoleil*, &c.; & d'autres enfin remédient aux maux qui réſultent du *froid exceſſif*, de l'*humidité*, d'une *tranſpiration ſupprimée*, &c. La pluie ſeule que reçoivent continuellement les voyageurs & les militaires expoſés aux injures de l'air, occaſionne beaucoup de maladies, dont on peut auſſi ſe garantir par le moyen de ces étoffes. Leur uſage s'étend juſqu'aux jambes & aux pieds même, parties du corps qu'il eſt eſſentiel de mettre à l'abri de l'humidité. On ſait qu'une très-grande qnantité de ſoldats eſt journellement réduite, aux dépens de sa Majesté, à habiter les hôpitaux, pour se guérir de plusieurs maladies occasionnées par la pluie & l'humidité. De plus, leurs vêtemens toujours mouillés durent beaucoup moins, surcroît de dépenses pour le Monarque. Les tentes qui tamisent & se pourrissent facilement, deviennent par-là plus dispendieuses. Si elles étoient enduites comme les toiles dont il s'agit ici, n'étant pas sujettes à tamiser, elles seroient d'un secours plus efficace & plus complet pour mettre à l'abri de la pluie & de l'humidité, ne pouvant pas se mouiller ni contracter d'humidité, elles dureroient beaucoup plus long temps. Ce moyen seroit donc un grand objet d'économie, quant aux tentes, aux habits des soldats, & enfin aux maladies continuelles des militaires, qui sont à la charge du Roi. Ainsi, rien n'empêche que chaque fantassin ne porte dans son sac un petit surtout de toile ou de coutil de cette fabrique, avec des guêtres de la même étoffe, & que le cavalier n'ait un pareil manteau, & même pour des temps très-rigoureux, une enveloppe de tête, telle qu'on peut en trouver dans la fabrique indiquée.

Dans les campagnes faites en pays où le froid est excessivement rigoureux, où la neige tombe abondamment, où régne une humidité très-pernicieuse, nous avons perdu quantité de soldats & d'autres militaires, par ces divers inconvéniens; plusieurs même ont eu les pieds gelés. Quelques-uns les ont garantis par leur industrie, en les enveloppant de vessies qui concentroient la chaleur naturelle, & qui empêchoient l'eau & l'humidité de pénétrer leurs bas. Si des vessies produisoient cet heureux effet, à combien plus forte raison les étoffes en question ne le produiroient-elles pas? Combien ne seroient-elles pas utiles pour les marins qui habitent un élément essentiellement humide? L'Auteur a aussi imaginé & fait construire, pour eux, des scaphandres très-portatifs, moins à charge, moins dispendieux, moins volumineux que les scaphandres de liége. Les personnes, dans un naufrage, sans savoir nager, peuvent se sauver, ayant une provision pour plusieurs semaines & un pantalon universel, hérissé de pointes de fer, pour les garantir de la voracité de certains poissons. On se donne plus ou moins d'air, à volonté, selon les circonstances, soit pour surnager, soit pour plonger au fond de l'eau, au moyen d'un réservoir d'air qu'on a sur soi, & que la bouche fait agir par un tuyau de communication. Ce n'est pas un de ces longs tuyaux dont une extrémité surnage; le nôtre n'est sujet à aucun de ces inconveniens.

On se plaint que l'humanité est environnée d'écueils & exposée à mille maux divers; mais l'auteur de la nature a placé les remedes à côté des maux: c'est à l'homme de travailler à la découverte de ces remedes, d'employer tout son zele, toute son industrie, &

ſur-tout de s'armer de beaucoup de patience, de conſtance, & de courage; car il ſuffit de faire une découverte utile, pour etre accablé d'un eſſaim de contradicteurs & de jaloux.

Ce n'eſt pas ſous les ſeuls rapports de pluie & d'humidité, que l'eau eſt pernicieuſe; elle l'eſt encore par les inondations, par les débordemens des rivières & des canaux, dont les eaux ſont arrêtées avec des vannes & des écluſes. Lorſque ceux qui ſont chargés d'ouvrir les vannes des rivieres, & les écluſes des canaux, ſont ſurpris par un orage voiſin & inattendu, ou que peu ſoigneux & peu vigilans à remplir leurs devoirs, ils ſe ſont endormis; alors les eaux arrêtées par les vannes des rivieres & par les écluſes des canaux, débordent de toutes parts, & cauſent de grands ravages dans les campagnes & dans les lieux circonvoiſins. C'eſt ce qui eſt arrivé dans la ville de Provins, il y a environ quarante ans; comme on peut le voir dans la Gazette de France, qui, dans le récit de cet événement fâcheux, fait monter à un million de perte, le ravage occasionné par la petite riviere de cette ville qui s'étoit débordée pendant la nuit, à cause d'un orage survenu dans un endroit circonvoisin. Les eaux étant arrétées par les vannes, se sont répandues dans la ville basse, qu'elles ont inondée jusqu'aux greniers des maisons. Comme il y avoit plusieurs tanneurs, pourvus de quantité de chaux pour leur métier, l'eau a allumé la chaux, qui a mis le feu aux charpentes des maisons; l'incendie s'est communiqué de toits en toits; en sorte que la ville basse étoit par les combles, en proie aux flammes & par le bas, à l'inondation qui entraînoit les meubles & les habitans, surpris pendant leur sommeil. C'est ainsi que cette partie considérable de la ville fut plongée dans une désolation & une consternation inexprimables.

Pour obvier désormais à un si funeste accident, le même Auteur, dont la découverte contre les dangers des eaux vient d'être exposée, a imaginé un moyen fort simple, qui fait lever les vannes par les eaux mêmes qui causeroient l'inondation. Cette machine exécutée en fer blanc, a été long-temps exposée dans le Sallon de la Correspondance des Sciences & des Arts, & a été trouvée ingénieusement imaginée par les connoisseurs. Cette idée est absolument neuve, & applicable aux écluses des canaux.

Voici encore une machine de son invention. Elle a été communiquée à un Prince qui a promis à l'Auteur de la faire exécuter en grand, d'après le modèle, en petit, dont ce même Prince a fait les frais, sur le rapport des ingénieurs qu'il a consultés, & qui en ont favorablement jugé. On trouve une mention de cette machine dans l'ouvrage périodique que nous avons déjà cité.

Extrait des Nouvelles de la République des Lettres & des Arts, *N°. XXXVIII, année* 1783, *du* 17 *Décembre, page* 337.

HYDRAULIQUE.

« *Exposition* d'un modele de nouvelle » machine pour faire remonter & descendre promptement, sans cordage & » sans chevaux, les bateaux, coches & » voitures d'eau, non seulement sur » les rivieres, mais encore sur les canaux ; par M. Leroux, Physicien, » Auteur des taffetas gommés, approuvés par la Société royale de Médecine. » On a inventé plusieurs machines pour » faire remonter les bateaux & particulierement *des roues à palettes*; mais » comme ces roues, passé la ligne verticale, ne rencontrent plus qu'une eau » que les palettes entraînent avec elles, » & qui devient nuisible au mouvement » de rotation, l'Auteur propose un

» moyen d'éviter cet inconvénient. Les » palettes sont à bascule, dans des » châssis qui coupent l'eau : quand elles » elles vont se plonger dans l'eau, elles » se ferment ; quand elles ont passé » la ligne verticale, elles s'ouvrent, » l'eau coule à travers ; alors elles ne » présentent plus de surface, & consé» quemment plus de résistance.

» Le modèle semble faire croire » que ces roues seront mises en mou» vement par la force des bras, & par » le moyen d'une manivelle ; mais l'in» tention de l'Auteur est de les faire » mouvoir (dans l'exécution en grand) » par une roue de grue, ou autre mo» teur puissant & le moins embaras» sant qu'il pourra trouver ».

On voit que l'intention de l'Auteur de ces diverses machines a toujours été de rendre plus praticable, plus facile, l'habitation dans les eaux, & sur-tout d'en éviter les dangers & les embarras, si souvent funestes. On sait les malheurs occasionnés [illegible] cordages & par les chevaux dont on se sert pour tirer les bateaux, les coches, & autres voitures d'eau. Ceux qui se trouvent au moment de leur passage, & qui n'ont pas le temps de les éviter ni même de les voir, soit à cause de la rapidité du vent ou de l'eau, soit pour d'autres raisons, se trouvent culebutés par ces cordages, & périssent dans les eaux. Ajoutez à ces accidens fâcheux une multitude d'embarras périlleux qu'entraîne le systême des cordages & des chevaux, pour passer les ponts & pour se frayer une route dans des lieux impraticables. On ne finiroit pas si l'on vouloit exposer les dangers, les écueils, les embarras, & les divers accidens qui résultent de la mauvaise méthode de conduire toutes les voitures d'eau. Mais malheureusement l'homme qui est un animal d'habitude, & qui ne fait pas de sa raison tout l'usage qu'il devroit, tient toujours, je ne sais par quelle fatalité, aux vieilles pratiques, tant la routine est un tyran impérieux

impérieux dont il n'eſt pas facile de ſecouer le joug.

Avant que de terminer cet article ſur les *dangers des eaux*, il eſt à propos de donner quelques notions des divers ſcaphandres à air, que l'auteur a imaginés, dont on trouve la deſcription dans un *Supplément à l'art de nager*, dont la cinquieme édition, ſous preſſe, ſe trouvera chez l'Auteur. Ce Supplément a pour frontiſpice une eſtampe repréſentant une Ecole de natation bien concertée, dans laquelle on pourroit apprendre à nager en tout temps, dans les ſaiſons les plus rigoureuſes, parce qu'on ſeroit revêtu d'un pantalon univerſel, impénétrable à l'eau, & avec lequel les vêtemens ne ſeroient jamais mouillés, afin de faciliter l'uſage des leçons même en hiver, avec la plus grande décence, & ſans courir aucun riſque de ſe noyer. On y voit auſſi repréſentés les divers ſcaphandres de nature & de formes différentes. Enfin le plan de l'Ecole de natation eſt très-curieux à voir, ainſi que les expériences qui ont été faites par l'Auteur, ſur la Seine, il y a quelques années. Il a prouvé qu'une perſonne qui ne ſait point nager peut ſur le champ ſe jeter à l'eau ſans aucun riſque, & ſauver ceux qui ſe noyent. Les ſecours dont on ſe ſert ſont très-portatifs & nullement embarraſſans. L'Auteur a reçu l'applaudiſſement des connoiſſeurs qui en ont vu l'efficacité.

Quelque habile qu'on ſoit dans l'art de nager, on doit toujours prendre les plus ſcrupuleuſes précautions pour ne pas être la victime de ſon imprudence, & la proie des eaux. C'eſt un élément bien perfide, où mille écueils nous environnent. Pluſieurs choſes peuvent contribuer à nous y faire périr : une crampe, un évanouiſſement, une frayeur, un précipice dont on ne ſe doute pas, un objet qui ſe trouve à notre rencontre & qui nous embarraſſe ; mille autres dangers enfin nous avertiſſent qu'on ne peut prendre trop de ſûreté : c'eſt ce qui a donné lieu à ce proverbe trivial des bonnes gens de riviere : *fameux nageur, fameux noyeur.*

L'Auteur conſeille donc à ceux qui expoſent leur vie à la perfidie de cet élément, de ſe pourvoir d'un de ſes ſcaphandres, contenu dans ſa poche & que l'on met ſur ſoi d'un clin d'œil, afin d'être prêt, ſur le champ, à ſecourir ceux qui ſont en danger, & qui ſouvent, pour s'en tirer, font involontairement périr ceux qui tâchent de les ſauver.

ARTICLE III. *Des moyens de garantir l'humanité de pluſieurs autres maux qui l'affligent.*

Toutes les Sciences ſe tenant comme par la main, lorſque vous avez une fois dérobé à la Nature un de ſes ſecrets, vous tirez du même principe pluſieurs conſéquences qui conduiſent à d'autres découvertes. C'eſt le cas où s'eſt trouvé l'Auteur des moyens d'obvier aux accidens des incendies. Ayant une fois imaginé des étoffes impénétrables aux élémens, à l'air & au feu, il lui étoit facile d'en faire l'application aux ravages du feu, à ceux des eaux & enfin aux dangers de l'air. L'air n'eſt pas ſeulement à craindre quand il eſt contagieux ; il peut encore être nuiſible dans certain cas, lors méme qu'il eſt très-ſain : on va développer cette eſpece de paradoxe.

Il eſt des circonſtances où le contact même de l'air ſain, peut cauſer de grands maux : c'eſt ce que l'Auteur a prouvé & ce qui va faire le ſujet de ce troiſieme article.

Il eſt à props de jeter préalablement un coup-d'œil ſur l'économie animale, ſur la ſtructure admirable de notre corps. On doit le regarder comme une eſpece de cloaque rempli de diverſes humeurs faciles à fermenter & à ſe putréfier. Le bienfaiſant Auteur de la Nature a placé par tout le corps des ſoupiraux pour l'exhalaiſon de ces diverſes humeurs, ce qu'on appelle *tranſpiration inſenſible*, parce que l'on ne s'en aperçoit point, & les soupiraux, par où se fait cette transpiration, se nomment communément *pores*. Si donc l'on passe tout à coup d'un air très-chaud à un air très-froid, quoique sain, les pores qui ont été ouverts par la grande chaleur se trouvent saisis & fermés par le grand froid. Alors la transpiration insensible des humeurs est arrêtée ; & de cette suppression il resulte une fermentation funeste des humeurs concentrées, qui causent le dérangement du corps, souvent de grands ravages & de fortes maladies. C'est alors qu'il faut éviter le contact de l'air, & s'en garantir par une étoffe qu'il ne puisse pas pénétrer. Si l'on a été exposé à avoir très-chaud, il faut se couvrir de cette étoffe impénétrable, pour n'être pas saisi par le grand froid, ou bien d'un manteau fort chaud. Si l'on n'a pas pris cette précaution & que la transpiration soit supprimée ; pour la rétablir, il faut se revêtir d'une étoffe qui empêche le contact de l'air, qui, concentrant la chaleur, la multiplie & rétablisse l'ouverture des pores. Sans cette précaution, on court risque de gagner des rhumes opiniâtres, des rhumatismes, des fievres dangereuses & mille autres maux.

L'air sain & salubre, si désirable, si précieux à la santé, qui vivifie les parties du corps, quand elles ne sont attaquées d'aucun mal, ce même air devient pernicieux par son contact, quand ces mêmes parties sont blessées. L'air alimente & soutient l'animal vivant, & fait corrompre l'animal mort (1). Lors donc qu'une partie du corps est blessée, il faut avoir soin d'user des remedes ordonnés par les Médecins, & sur-tout d'ajouter, par dessus le linge qui couvre les plaies, un morceau (bien fermé) d'étoffe impénétrable à

(1) Si l'on met un morceau de viande dans un vase privé d'air, il se conservera long-temps ; si on l'expose à l'air, il sera bientôt corrompu.

l'air, pour en éviter le contact, & pour faciliter la tranſpiration des humeurs qui, en ſéjournant, corromproienr les chairs. C'eſt par ce même procédé qu'une partie du corps enflée ſe rétablit promptement dans ſon état naturel, en facilitant la tranſpiration par une chaleur concentrée qu'on remarquera toujours ſi l'on fait uſage d'une étoffe impénétrable à l'air. L'atmoſphère eſt rempli d'une infinité de petits inſectes que l'on ne peut appercevoir qu'avec un excellent microſcope : l'air les dépoſe ſur les plaies qu'ils enveniment. Quelqu'un objecteroit peut-être qu'en les couvrant bien de linge ou d'une peau bien couſue, l'air ne pourroit plus les affecter. Mais l'air paſſe plus facilement à travers pluſieurs linges & les coutures de la meilleure peau, qu'à travers l'étoffe dont il s'agit ici, dont les coutures ſont enduites de la même compoſition que l'étoffe même. C'eſt pour cette raiſon qu'on a vu des maux appelés *panaris* ſe guérir en très-peu de temps par le moyen d'un *doigtier* de cette étoffe, cousu hermétiquement. Des jambes enflées se sont également rétablies en peu de temps avec le secours d'un bas de l'étoffe dont il s'agit.

RÉCAPITULATION.

ON vient de voir, dans ce traité, combien *l'impénétrabilité* d'une étoffe, est utile à la conservation du genre humain, puisqu'elle nous fournit des moyens,

1°. De contenir de l'air, pour respirer dans le feu, l'étoffe étant renfermée dans un autre enveloppe incombustible.

2°. De contenir de l'air pour faire surnager & pour sauver les noyés, & afin de respirer dans l'eau si on y plonge.

3°. De mettre à l'abri de la pluie & de l'humidité, d'où résultent quantité de maux & de maladies.

4°. De faciliter la transpiration supprimée, & d'accélérer la guérifon des plaies, &c. &c.

Qu'on ajoute, à cette découverte de l'impénétrabilité d'une étoffe, celle de fon *incombuftibilité* & la facilité de fe la procurer, on fe convaincra que l'Auteur a trouvé des moyens pour fe garantir de la plupart des maux qui nous accablent & que le titre de cet ouvrage fur les *incendies*, les *dangers des* eaux, l'air contagieux, &c. n'annonce rien qui ne foit bien prouvé.

SUPPLÉMENT.

Contre les dangers des voyages & des chutes.

L'Auteur a encore imaginé une canne qu'on peut porter, ſoit à cheval, à pied, ou en voiture. On en donneroit bien ici la deſcription ; mais la prudence exige qu'on garde le ſilence ſur la ſtructure particuliere de cet inſtrument, utile entre les mains d'honnêtes citoyens, & dangereux ſi les malfaiteurs en connoiſſoient la conſtruction, Mais ſi l'uſage en devenoit public, il ne ſeroit accordé qu'aux perſonnes bien connues, & dont les noms & les demeures ſeroient enregiſtrés. Cette canne eſt telle que celui qui la porte, ne craint ni bêtes féroces ni voleurs, quand il ſeroit environné de cinquante brigands armés de bâtons & même d'épées. D'un clin d'œil, on eſt prêt à s'en défendre ; on force par-là les agreſſeurs à prendre la fuite ſur le champ. Si l'on avoit lieu de craindre, dans certaines routes, & dans les forêts, d'être attaqué par des voleurs armés de fuſils ou de piſtolets, l'Auteur indiqueroit encore un vêtement volumineux à la vérité, mais bien efficace pour repouſſer les balles.

Contre les chûtes.

Il s'agit ici de celles qu'éprouvent les ouvriers qui ſont d'un état périlleux, comme les Charpentiers, les Couvreurs, les Maçons, &c., & ceux qui ſont obligés, dans un incendie, de ſe précipiter d'une hauteur quelconque, pour ne pas périr dans les flammes. On a fait un modèle d'un bonnet qui ſe place ſur la tête comme un petit paraſol, arrêté ſous les bras par de forts liens. Dès que l'on tombe, le bonnet ſe remplit d'air à la hauteur de ſept à huit pieds, & diminue par-là la violence de la chûte. Il n'empêche pas les ouvriers de travailler, il les met même à l'abri de la pluie, de l'ardeur & des coups de soleil. Quand le temps de la chûte est passé, le bonnet se replie sur lui-même de la même maniere que certaines petites lanternes de papier.

Lu & approuvé, ce [illegible] Janvier 1788.
[illegible] M. D. C.

Vu l'approbation, permis d'imprimer, ce 26 Janvier 1788. ***DE CROSNE.***

De l'Imp. de DEMONVILLE, Imprimeur de l'Académie Françoise, rue Christine.

www.ingramcontent.com/pod-product-compliance
Ingram Content Group UK Ltd.
Pitfield, Milton Keynes, MK11 3LW, UK
UKHW022153170726
13837UKWH00004B/1971